OUT OF THIS WORLD
走出这个世界

认识美国国家航空和航天局发明家**杰弗里·兰迪斯**和他的

金星漫步者

LAND-SAILING VENUS ROVER

[美] 杰夫·德·拉·罗莎 著
吴艳萍 译

上海辞书出版社

上海市版权局著作权合同登记章：图字09-2018-355

目　录

词汇表　第45页为术语词汇表。词汇表中的术语在正文中第一次出现时为粗体。

引言

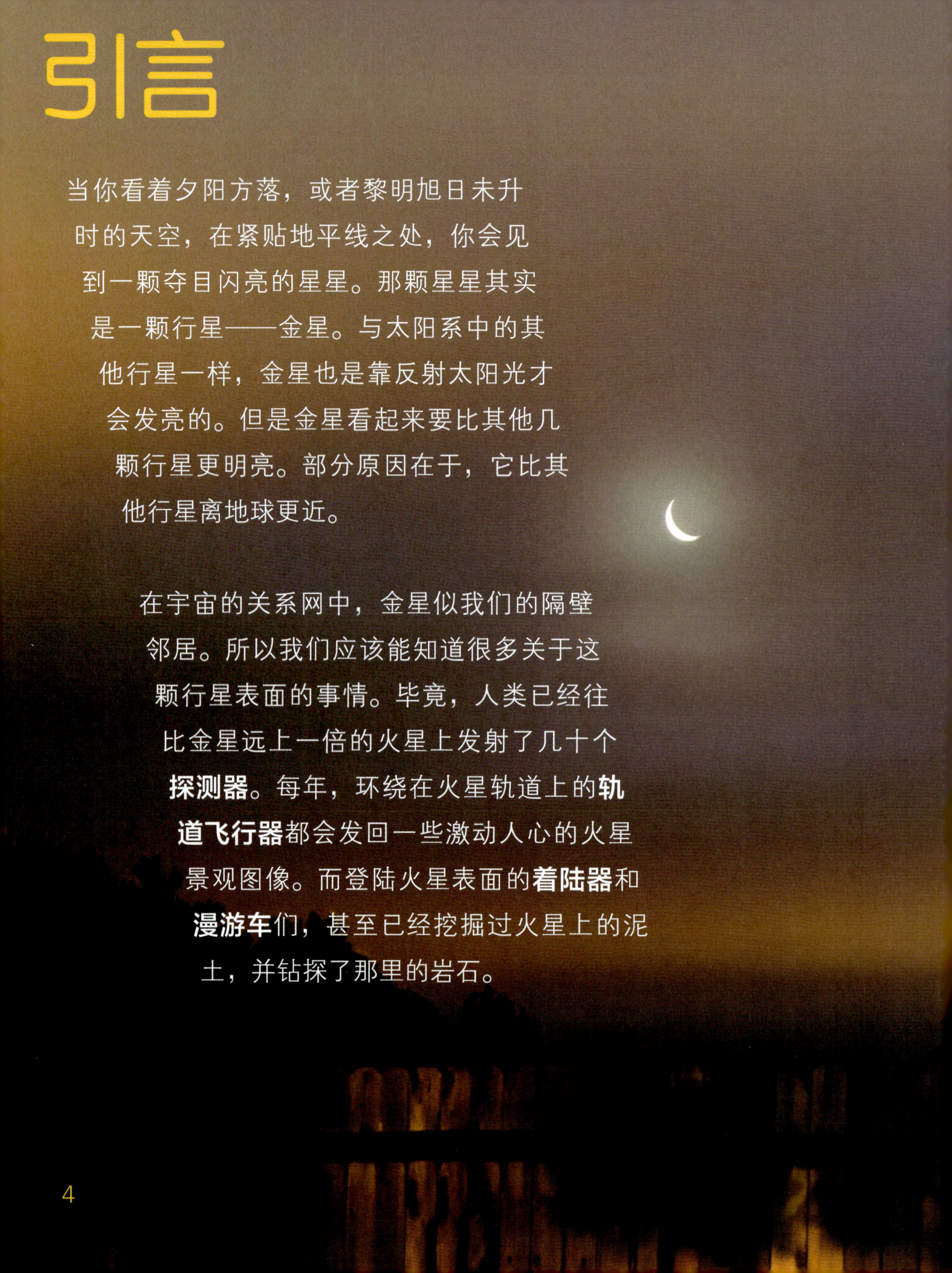

当你看着夕阳方落，或者黎明旭日未升时的天空，在紧贴地平线之处，你会见到一颗夺目闪亮的星星。那颗星星其实是一颗行星——金星。与太阳系中的其他行星一样，金星也是靠反射太阳光才会发亮的。但是金星看起来要比其他几颗行星更明亮。部分原因在于，它比其他行星离地球更近。

在宇宙的关系网中，金星似我们的隔壁邻居。所以我们应该能知道很多关于这颗行星表面的事情。毕竟，人类已经往比金星远上一倍的火星上发射了几十个**探测器**。每年，环绕在火星轨道上的**轨道飞行器**都会发回一些激动人心的火星景观图像。而登陆火星表面的**着陆器**和**漫游车**们，甚至已经挖掘过火星上的泥土，并钻探了那里的岩石。

夜空中，除了月亮，最明亮的就数金星了。

尽管离地球如此之近，可是对人类来说，金星大体上依然保持着神秘。为什么我们对这个邻居不能了解得更多些呢？从金星的轨道上探究这颗星球是很困难的，因为它被一层密不透风的厚厚云雾覆盖着。轨道飞行器需要使用专业设备，比如雷达，才能穿透烟雾。未来可能的着陆器面临的问题更多。那些稠密的云雾是酸性的，会破坏探测器所在的飞船。云雾下面的高温高压环境也会把着陆器融化掉、压碎掉。

确实也有少量着陆器已经被发射到金星表面去了。因为面临着极端的环境，即便是最耐久的着陆器也只在登陆后运行了约两个小时。我们该怎样去研究一颗会把我们的探测设备瞬间摧毁掉的行星呢？

科学家杰弗里·兰迪斯立志克服这些困难。兰迪斯正在设计一款新型探测器，它不仅仅是一部着陆器，还是一台漫游车，可以在金星表面开展更大范围的探测活动。兰迪斯设想中的这个家伙不仅可以在金星表面的极端环境中生存，甚至还能利用这种环境。他的探测器可以利用稠密大气层中的风，实现环绕金星表面的航行。

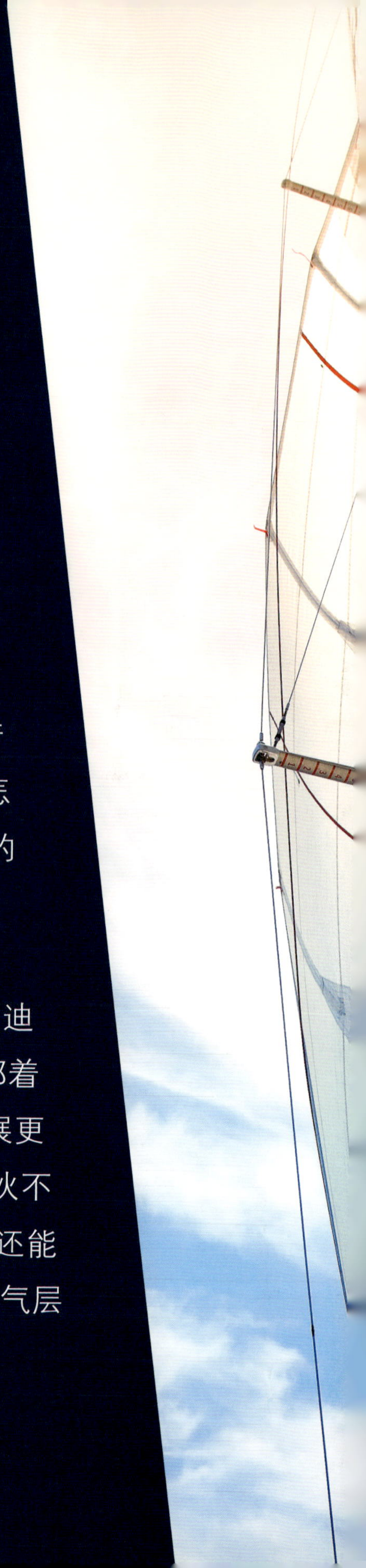

美国国家航空和航天局创新先进概念计划

“**走出这个世界**”系列丛书的主题，聚焦那些从美国国家航空和航天局成立的组织中获得大量拨款的项目。美国国家航空和航天局创新先进概念计划（NIAC）为致力于在空间技术中进行大胆创新研发的团队提供资金支持。你可以访问 NIAC 的网站 www.nasa.gov/niac 获取更多资讯。

认识杰弗里·兰迪斯

“大家好，我是一名科幻小说家，也是位于俄亥俄州克利夫兰的美国国家航空和航天局格伦研究中心的一名科学家。很多年来，我都在为探索火星表面的漫游车研制项目工作。现在我希望能利用风去探索一个更具挑战性的环境——金星表面。”

目标：金星

太阳系中，金星是地球的邻居之一。它是离太阳最近的第二颗行星，地球则是第三颗。没有哪颗行星比金星离地球更近了。当它处于近地点时，距地球只有 3820 万千米远。

金星的尺寸几乎和地球相同。这两颗行星的表面都遍布岩石和厚厚的大气层。它们的质量大体相当，并且地心引力也相近。

尽管和地球有许多相似之处，金星却是太阳系里众多特异环境的所在之一。金星大气层主要由**二氧化碳**组成，比其他行星上的大气层都要重。而二氧化碳占地球大气层的比例只有不到 1%。金星的大气层极端干燥，只含有少量水汽，并且还以拥有浓密的硫酸云为其特色。

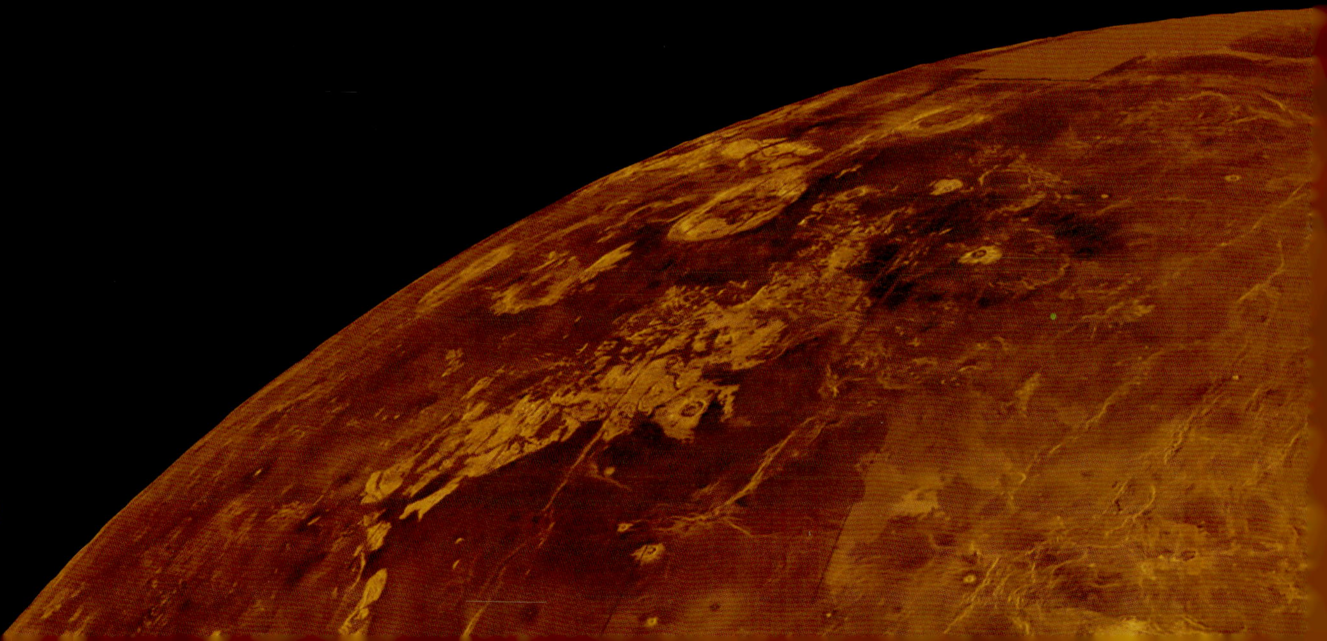

> “从很多方面来看，金星和地球就是一对双胞胎。”
>
> ——兰迪斯

金星表面非常热，也十分干燥。那里没有液态的水，因为高温会把水烧干。我们所知的关于金星表面的情况，主要是通过宇宙飞船上的雷达测量获得的。这些测量结果显示金星表面包含多种不同的地貌。三分之二的表面是低洼地与和缓的平原。平原上散布着数以千计的火山。剩下的地方则以山地、峡谷为主。

与太阳系中的许多固体行星一样，金星表面也有标志性的**陨石坑**。陨石坑是由类似流星等物体撞击地面所形成的碗状地带。固态行星表面的那些陨石坑通常是在漫长的岁月中逐渐积累的。但是金星上的陨石坑比月球、火星以及水星上的要少得多。这很可能表明金星表面相对而言还很年轻，只有约十亿年这么久。还有一种可能，这颗行星已经被火山活动改头换面过，旧的陨石坑已经被抹除了。火山活动可能直到今天还在持续。

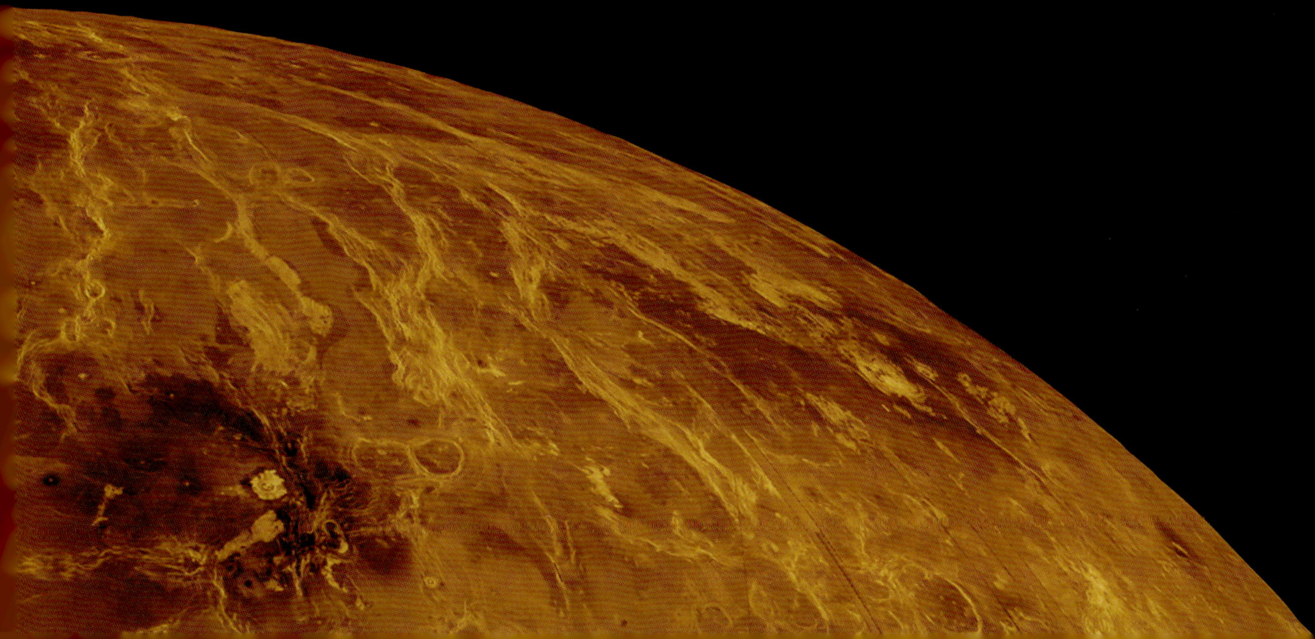

发明者的故事：

火箭侠

兰迪斯年轻时，通过参与制作火箭模型培养了自己对科学和探索宇宙的兴趣。

“在高中时，我开始设计并制造火箭模型。我基本上沉迷其中，花在火箭上的时间比花在学校功课上的还要多。”

——兰迪斯

火箭模型和真实太空火箭的飞行方式相同。但是火箭模型的质量只有不足 1.5 千克，而且它们的长度往往也只有 20 到 61 厘米。

火箭模型的发动机依靠点燃特殊制造的固体燃料来产生能量。它能在几秒钟内飞到 610 米的高度，能够以每小时 480 千米的高速航行。

很多年轻人和成年人把发射火箭模型作为一项业余爱好。很多火箭专家就是用从业余商店购买的工具设备制造了人生中的第一枚火箭。

“在我的学校有一个火箭模型俱乐部。作为一个青年人，那些和我在俱乐部共事的人是激励我的最大力量源泉。”

——兰迪斯

兰迪斯正在组装一台火箭助推滑翔机。

地方火箭模型俱乐部可以由任何组织建立，比如学校或者青年团体。这些俱乐部拥有自己的发射系统和其他设备。许多俱乐部会为自己的成员举办火箭模型比赛。

有些国家也有国家级的火箭模型组织。他们负责制定安全规范、给达到标准的火箭模型发动机颁发许可、出版书刊、批准建立地方俱乐部。美国的国家级火箭模型组织是位于艾奥瓦州马里恩的美国国家火箭技术协会 (NAR)。

了解更多信息请访问 http://www.nar.org /model-rocket-info/

恶劣的环境

金星上有着太阳系中最糟糕的天气。它比地球热得多，还有毁灭性的浓稠大气层。具有破坏威力的酸雨不时地降临星球表面。这些环境导致人类很难使用着陆器研究金星。

金星大气层浓到不可思议。大气层是由各种气体组成的。仔细想想地球的大气层——空气。空气相当地轻盈，而且时时围绕着我们。于是我们几乎忘了空气也是有重量的，然而它确实是有重量的。所有这些气体会给地球表面的每个物体施加一个压强，叫作**地面气压**。金星上的地面气压是地球上的90倍。

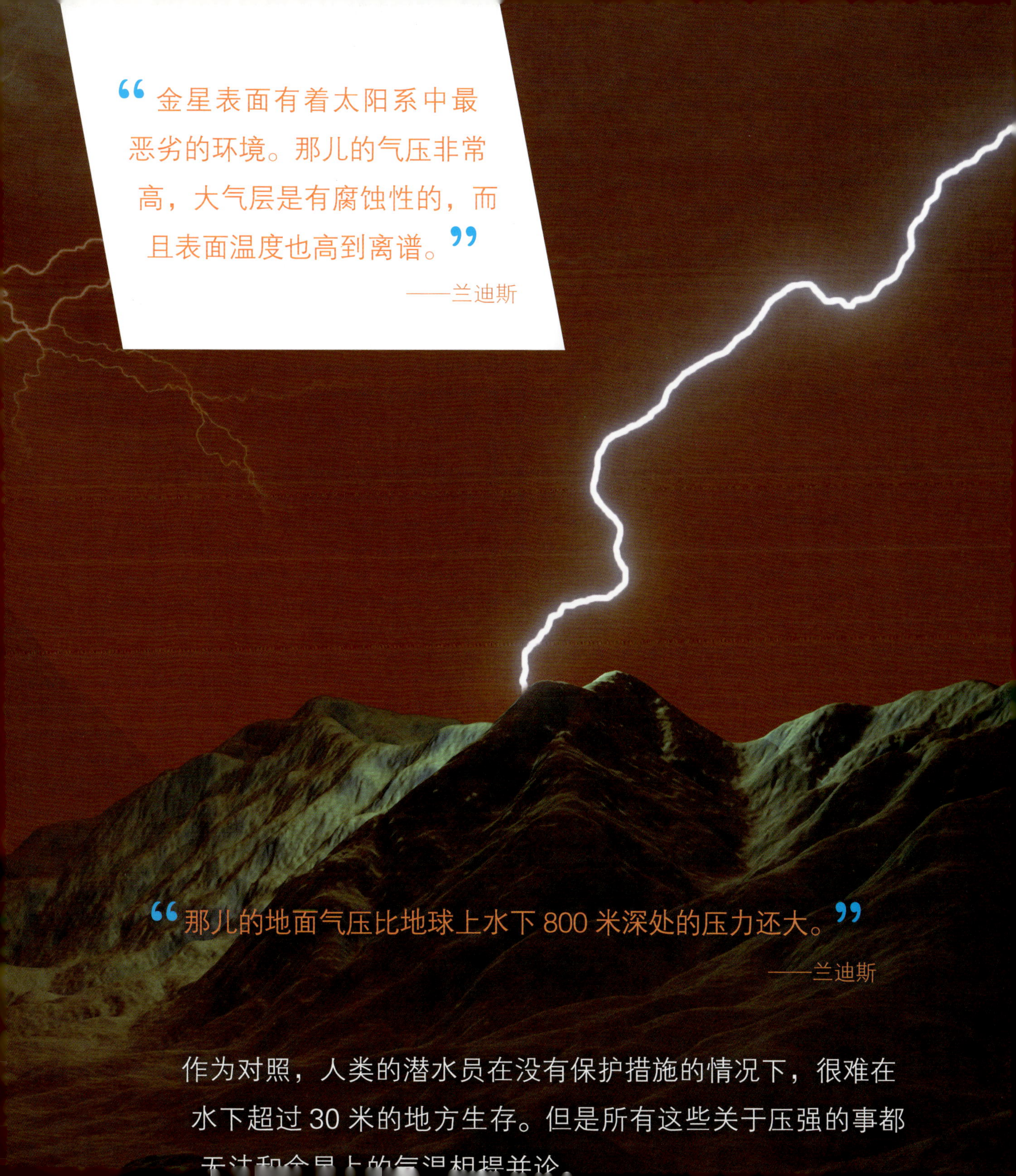

“金星表面有着太阳系中最恶劣的环境。那儿的气压非常高，大气层是有腐蚀性的，而且表面温度也高到离谱。”

——兰迪斯

“那儿的地面气压比地球上水下 800 米深处的压力还大。”

——兰迪斯

作为对照，人类的潜水员在没有保护措施的情况下，很难在水下超过 30 米的地方生存。但是所有这些关于压强的事都无法和金星上的气温相提并论。

金星表面温度可以达到约 465 摄氏度，比太阳系其他各个行星表面的温度都高。相比之下，地球上有史以来记录的最高气温只有 56.7 摄氏度，地点是在美国西南部沙漠地区的死亡谷。金星上的高温足以把铅熔化。

为什么金星上会这么热？水星是离太阳最近的行星，但是金星表面的温度比水星表面还高。大多数科学家认为金星不同寻常的高温是**温室效应**造成的。普通的温室通过让阳光射入、又阻挡热量散失的方式保持温暖。金星上厚厚的云层和稠密的大气也起到了同样的作用。太阳光中的能量能够透到行星表面上来，但是大气中的二氧化碳和硫酸微粒会阻止大多数太阳能的散失。

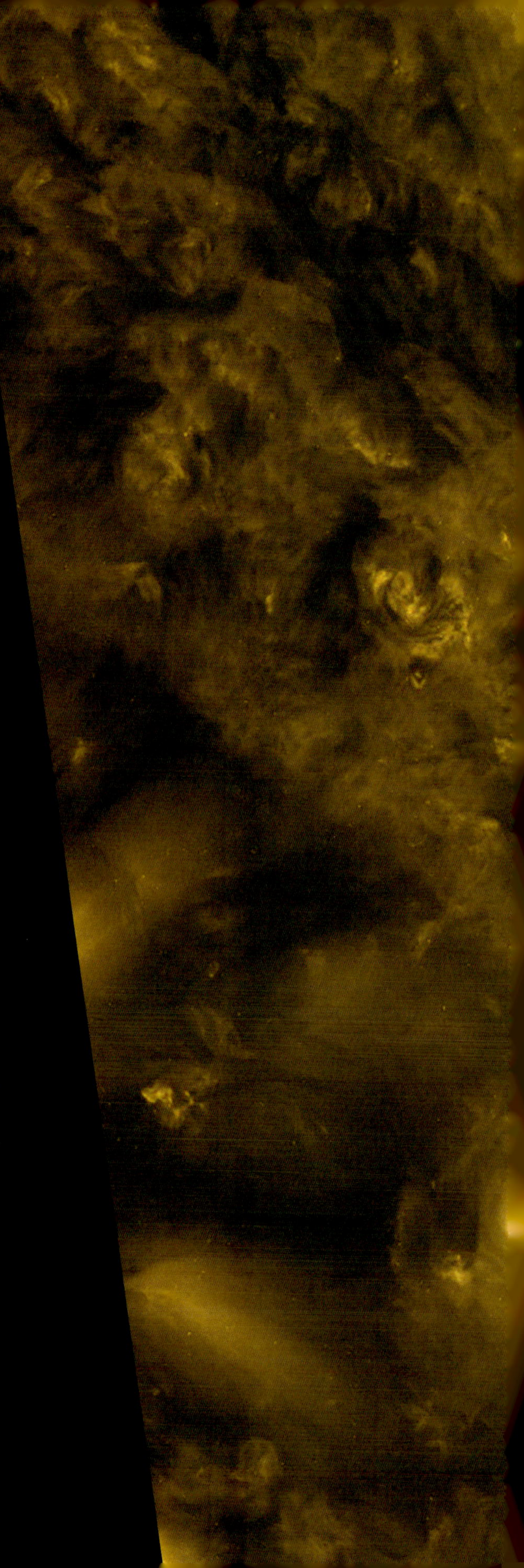

在这张宇宙飞船拍摄的合成图中，金星从太阳前面经过。

“金星表面比家用烤箱里面还要烫得多。”

——兰迪斯

金星探索的先驱

那些曾安全着陆金星的航天探测器都属于**苏联**金星探测计划的一部分。

金星探测计划包括在20世纪60、70和80年代发射的几十个探测器。其中一些探测器只是飞掠过金星而已，另有一些则运行在环绕金星的轨道上。还有几次金星探测任务包含了着陆器。

1970年，金星7号着陆器首次登陆金星。由于极端的高温高压环境，探测器触地后只维持了23分钟。金星9号着陆器在1975年发回了第一张金星表面的照片。

“极端的高温、高压以及硫酸的共同作用，让探索金星表面变得非常困难。”

——兰迪斯

金星上的金星7号着陆器。稍后的金星9号探测器拍摄了第一张金星表面的照片。

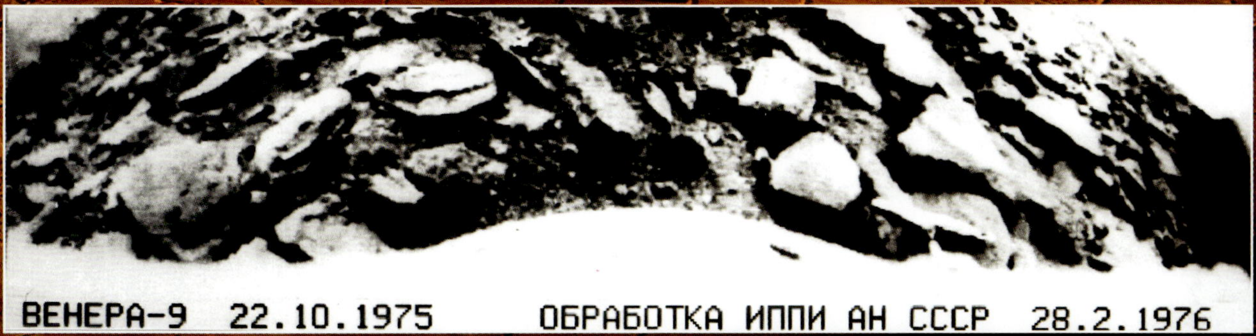

到现在为止该计划中最成功的着陆器是1982年登陆的金星13号。探测器的着陆点位于金星南半球的一片宽阔平原。金星13号发回了第一张金星表面的彩色照片。金星13号陆续发回的那些引人入胜的照片大部分都是关于着陆点周围地面情况的，照片展示的是一整块平地残破的地貌。那儿曾经是岩石板或者是由细小颗粒构成的坚硬地壳。两天之后，她的姊妹飞行器金星14号登陆。

金星13号设计时只打算在登陆后运行30分钟。然而这个探测器在金星表面却持续工作了2小时零7分钟。它总共拍下了14张彩色照片和8张黑白照片，还对着陆地点的泥土进行了钻探，并发现了一种类似地球上的灰尘被压紧后的结构。

金星上可能存在生命吗？所有在地球上发现的生命类型都不可能在金星表面生存，这主要缘于极端的高温。地球上不管怎样仍有一些特定的微生物生活在云层中。虽然不太可能，不过一些天文学家还是认为类似的微生物也可能生存在金星云层的顶端，那里的温度较为温和，只有13摄氏度。

苏联工程技术人员正在装配金星13号探测器，它随后将前往金星，并拍摄了第一张金星表面的彩色照片。

发明者的故事：

火星老兵

在兰迪斯把注意力转向金星之前，他参与过两个具有里程碑意义的火星漫游车项目。

> “我一到美国国家航空和航天局，就被派去设计给航天任务提供动力的**太阳能电池**。我是从参与设计所有需要动力的东西起步的，然后转而去为将要在火星上运行的动力系统工作，就这样我参与了火星探路者号计划。”
>
> ——兰迪斯

火星探路者号是美国在 1997 年实施的项目，在将近三个月的时间里从火星表面收集了许多图片以及其他各种数据。在火星着陆后，探路者号释放了索杰纳号火星漫游车。这是一台小型的六轮机器人，能够分析火星上的岩石和土壤。探路者号计划共为地球上的科学家们发回了超过 16500 张图片，其中有一些景色壮丽的照片，都是关于火星表面、火星的卫星以及从火星上看到的太阳等景色。

兰迪斯随后继续为美国的火星探测漫游车项目工作，它们后来都在 2004 年登陆火星。这些高尔夫车大小的漫游车原本设计的运行时间是 90 天。其中一辆称作“勇气号”的漫游车，在火星上持续探索超过了五年。另一辆机遇号坚持了更久。到 2016 年，机遇号已经行驶了超过 43 千米，相当于一场火星的马拉松。

勇气号和机遇号发回了关于火星地表特征的详细图片。它们提供了关于火星表面曾被液态水大范围覆盖过的第一份有力证据。结合其他探测器获得的数据，这些探测任务帮助科学家们对火星的历史作出了更详细的描述。

兰迪斯在机遇号漫游车模型旁。

漫步金星

考虑到那时的应用技术水平和金星表面恶劣的环境，金星 13 号获得的 22 幅照片以及其他数据已经算是相当引人注目的成果了。但是和火星漫游车项目收集到的海量信息相比，这些收集到的数据又显得太微不足道了。

科学家们正在寻找更多了解金星及其历史的途径和方法。比如，有科学家认为金星曾经更像地球。几十亿年前，金星上也许存在过海洋。金星的气候可能也曾和地球的气候一样。金星上是不是曾有过比现在更多的水？假如真是这样，那么这些水又去哪儿了？想要回答这样的问题，科学家们就需要了解更多关于金星表面的事情。

“通过火星漫游车，我们已经知道了很多关于火星的情况。勇气号和机遇号在火星上到处转悠，传递给我们大量关于这颗行星的信息。在让我们了解火星这件事上，火星漫游车的效率奇高。我们想在金星上复制同样的成功。”

——兰迪斯

忍受高温

了解金星的最好方式就是送一位机器人地质学家——漫游车——到金星表面去勘探。地质学家是专门研究岩石、土壤、山脉、火山，以及其他地形地貌的科学家。但是如果想让漫游车彻底改变我们对金星的认识，那么它必须在金星表面的恶劣环境中生存个把小时以上。

对科学家们而言什么才是最大的挑战呢？金星上毁灭性的、或者说有腐蚀性的大气可能算是一种挑战，但这还不是最大的问题。工程

“请记住金星表面的气压相当于地球上海面以下 800 米处的压力。人类在这样的环境中可能会感觉不适，不过潜艇通常就是在那种深度运转的。”

——兰迪斯

师们在耐腐蚀材料的设计方面有过大量的实践。金星表面的极端气压也并非是不可逾越的困难。工程师们知道该如何密封以及加固漫游车，使其能对抗高压。

勘探金星过程中所面临的最大障碍是高温。

工程师们当然懂得该怎样建造可以承受金星上灼热高温的金属漫游车部分，但是他们还必须解决如何保护车上敏感的**电子器件**这个问题。

“还从来没有人尝试过建造我们正在讨论的这款漫游车。它要在非常高的温度中运行，这也许就是最大的挑战。”

——兰迪斯

大创意：

耐高温电子器件

电子器件是指由电脑操纵的电动设备，它能帮助航天器完成自己的工作，包括飞船上用于测量的传感器，以及引导飞船操作的控制系统。电子器件还能驱动通讯系统把飞船收集到的数据传输给地球上的科学家。

电子器件的问题在于它们往往应付不了高温。现代电子器件常常依赖**集成电路**。而集成电路的核心是半导体材料，通常是用硅制成的。集成电路板上面要蚀刻被称作电路的细微线路。这些电路通过传输和分拣被称作电子的带电微粒进行工作。

当集成电路的温度升高时，硅的电阻也会随之上升，这就使得电子的流动变得越发困难。硅的电阻升得越高，集成电路就越不能有效地工作，甚至还可能彻底失灵，因为极端高温会把集成电路板也一起毁掉。

工程师们运用风扇或者其他冷却系统使地球上的电子器件保持冷却，但是这样的系统无法在金星的高温环境下运转。

> “硅在过热的状态下根本无法工作。”
>
> ——兰迪斯

在地球上，电子器件过热的问题可以通过冷却系统来处理。冷却系统是用来消除多余热量的设备，可以帮助电子器件保持冷却。但是冷却系统可能太重了，还会消耗很多能量。这些问题使得冷却系统不适合应用在航天任务中，因为它必须减重，而且也没有那么多的能量可以给它用。冷却系统还可能会失灵，这也许将导致飞船损毁。然而科学家们已经在努力解决这个难题了。

大创意：

耐高温电子器件 续

格伦研究中心的工程师们正在开发一款能在高温环境下持续运转的集成电路，而不是继续依赖冷却系统。这些集成电路板被设计成可以在电阻升高的情况下正常运转，而且不会失灵。它们也是用半导体材料制成的，只不过用的是耐热性比纯硅更好的材料，譬如碳化硅等。

“在美国国家航空和航天局格伦研究中心，我们现在拥有一个实验舱（一个封闭空间）叫作格伦极端环境设备（简称 GEER），在那里能模拟类似金星表面的环境。GEER 里是高压、高温，以及充满二氧化碳的大气环境。我们可以在这样的环境下测试电子器件。”

——兰迪斯

到 2016 年，工程师们终于设法制造出了可以在最高 350 摄氏度的高温下正常运转的集成电路板。他们还希望能够把集成电路板的耐高温极限推进到更高。然而正如许多工程方面的事情一样，这个解决方案并不完美。

一位工程师正在使用可以复制金星表面环境的格伦极端环境设备。

“现在我们能制造的最好的耐高温电子器件大致和 20 世纪 60 年代的硅电子器件一样复杂。不过请记住，即使只依靠 60 年代的技术我们也造出了足够好的电子器件，把航天员送上了月球。”

——兰迪斯

回馈地球

来自太空的创意也可以服务于地球上的我们。

人们之所以要资助太空研究，原因之一就是它能造福地球上的日常生活。与金星漫游项目正在研制的耐高温电子器件相同的产品，目前也正处在研发中，并将应用于航空领域。

“我们在格伦研究中心的项目之一就是制造一种可以在喷气式飞机发动机内部的高温环境中工作的传感器。只要这个传感器一运行，我们就能知道发动机内部正在发生的情况。”

——兰迪斯

发明者的故事：

科幻小说家

“除了是一名科学家和工程师之外，我还写科幻小说。”

——兰迪斯

兰迪斯是一位高超的科幻小说家。他已经发表了大约 100 篇短篇小说，还曾荣获雨果奖和星云奖，这是科幻小说领域最负盛名的两大奖项。

“我喜欢写科幻小说,因为它给我恣意驰骋想象的空间。只要我的想象力愿意，那么我就能去往遥远的未来，或者深入太阳系，想去多远就去多远。”

——兰迪斯

兰迪斯对自己的小说《火星穿越》(2001 年) 感到特别自豪。这本书讲述了在前两次任务遭遇失败后，第三批乘坐宇宙飞船的船员前往火星探险的故事。

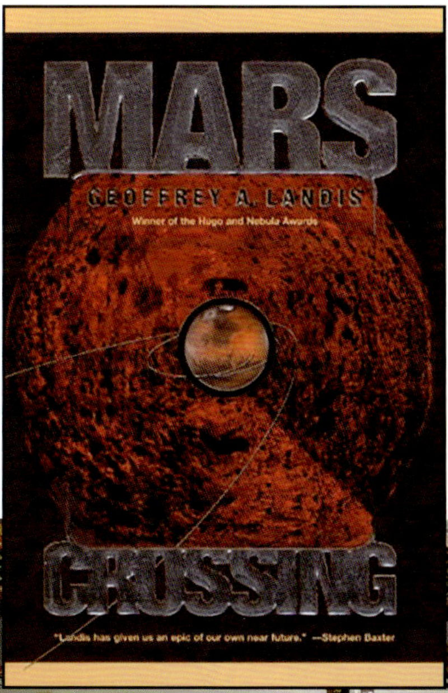

杰弗里·兰迪斯（右下）和同样是科幻小说家的艾伦·斯蒂尔在签售现场。

前方云雾漫天

耐高温电子器件只是整个拼图的一块而已。为了能在金星表面遨游，兰迪斯的漫游车还需要能源。

“你不会要一辆连发动机也没有的汽车，同样你也不会要一辆没有能源来驱动轮子的漫游车。”

——兰迪斯

让漫游车开动起来需要耗费的能量比运转电子器件多得多。火星漫游车所获得的能量来自太阳系最大的能源——太阳。漫游车使用一种叫作太阳能电池的设备将太阳能转化为电能。工程师们很喜欢在航天任务中运用太阳能，因为太阳能经常是充沛的，而且不需要又重、又危险，或者很昂贵的燃料。

“但是金星上实在太热了，以致于太阳能电池基本上也处于过热状态。这倒不是说电池完全不工作，而是说它们无法很好地工作。”

——兰迪斯

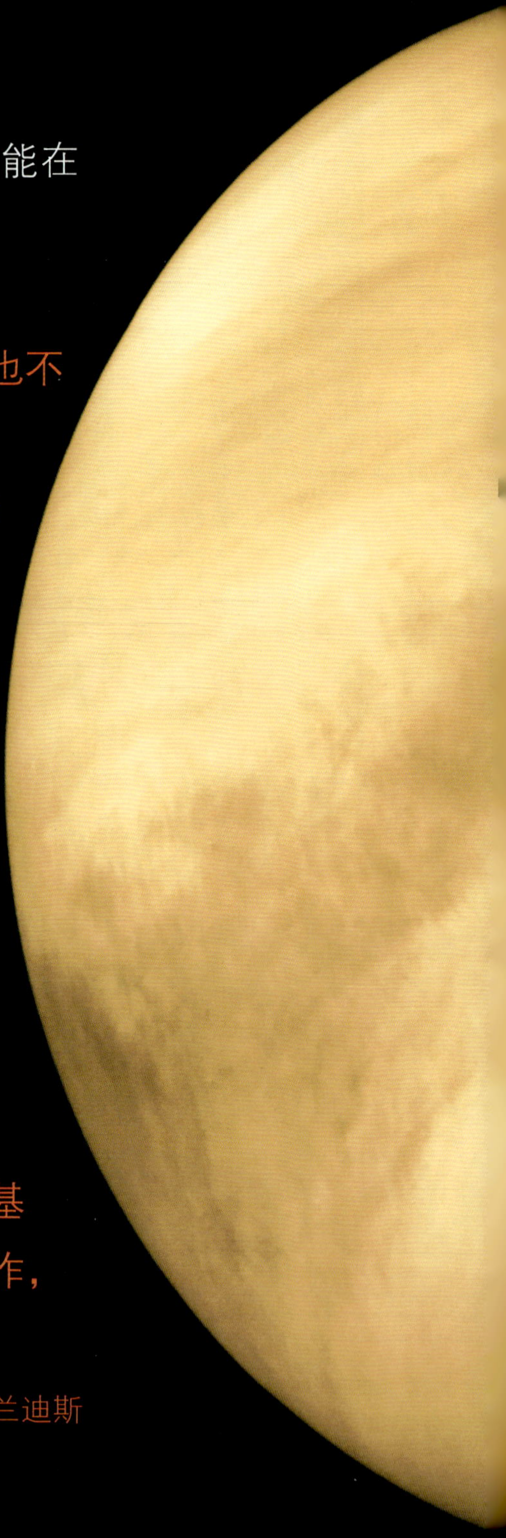

> “金星上一向是云雾重重。”
>
> ——兰迪斯

如图所示，金星上厚厚的云层让未来的着陆器很难在其表面利用太阳能。

太阳能电池本质上也是一种电子器件，而且我们也已经知道了这样的设备无法在金星的高温下正常运转。还有，请记住那像厚厚的外包装一样的云层。

只有大约百分之一的太阳光能够成功地穿透云层到达金星表面。此外，云层好像格外擅长阻挡蓝光，而这恰恰是能量最高的光线。太阳能的匮乏让兰迪斯开始考虑一种与众不同的能源。

> “我问了这样一个问题：‘好吧，那么我们在金星上还有什么资源呢？’金星上还有厚厚的大气层。我们有没有可能利用大气来驱动漫游车呢？好吧，或许我们能。我们也许可以用一面帆给金星上的漫游车提供动力。”
>
> ——兰迪斯

大创意：

陆地航行

“在地球上，人们只建造过很少几种靠风驱动的车辆。实际上人们只是将这些玩意用于体育运动，他们在沙漠里举办了一些风力车赛。还没有人在其他行星上尝试过这种方式。”

——兰迪斯

每当想到航行，我们通常会想到船。但是人们也早已利用过风帆动力在陆地上溜达了。在中国古代的典籍中就有对帆力车的描述。最近的是在19世纪中叶，美国西部地区的移民试验过“风车”，就是利用北美大草原上充沛的风力驾车在西部的边远地带旅行。

今天，**陆地航行**主要是作为一种休闲娱乐的方式，现代的陆上水手们驾驶着被称作陆上帆船或陆上游艇的小型轮式车辆兜风。20世纪早期举办了第一次陆地风帆赛。

今天风帆车上的帆不再只是块用来利用风力的布片，它们反而呈现出了一种有点像飞机机翼的特殊形状。当空气流过飞机的机翼，机翼的形状有助于产生一个叫作升力的向上的力。而正是升力让飞机飞了起来。

在这幅来自 20 世纪 10 年代的照片里，有两个人在一辆早期的娱乐型陆上帆船里摆造型。

同样地，当风吹到一面现代的帆上，帆的形状会有助于产生一个推动车辆向前的力。当空气吹过帆，这个力会把风帆车推得越来越快，这样风帆车确实会航行得比风还快。比如，在 2009 年来自英国的陆上水手理查德·詹金斯创造了陆上游艇纪录。在风速为每小时 50 至 80 千米的情况下，詹金斯的陆上游艇达到了每小时 202.9 千米的最高速度。

陆地航行需要大风和平坦没有障碍的地面。因此，陆地风帆赛经常在机场、海滩，以及平地、坚硬的沙漠上举办。

到处转转

陆地航行需要两个主要的必备条件。第一，它需要相对平整的场地。

陆地航行需要的第二样东西就是风。金星大气层中的风速达到了可怕的每小时 370 千米。但是近地面的风速只有约每小时 10 千米。那个速度对于陆地航行来说确实有点慢了。

“但是请记住，金星上的空气要稠密得多。”

——兰迪斯

想一想火星上的空气吧。火星大气层的密度大约只相当于地球大气层的 1/100。科学家们已经观察到火星上的风以每小时 90 千米的高速狂飙。但是因为火星上的空气如此稀薄，这样的风也就没有多大的力量。

金星上更稠密的空气能够产生更大的力量，或者更大的推动作用，即使是在风速很低的情况下。每小时 3 千米的风速应该就足以驱动 180 千克重的漫游车在一天内前进超过 90 米了。

“由金星探测器获得的金星照片显示了平坦的地势一直延伸向地平线。这样的地形对陆地航行来说是理想的。”

——兰迪斯

除了风以外，陆地航行还需要平坦的场地，正如你在这场穿越沙滩的陆地风帆赛中看到的。

风帆漫游车在其他地方也能用吗？金星并非太阳系中唯一有风的目的地。比如，火星上也有风，虽然那里的空气可能太稀薄了，无法实现陆地航行。

“我们也已经考察了土星的卫星泰坦星。泰坦星是太阳系中唯一拥有大气层的卫星。它拥有十分稠密的大气层，虽然没有金星的那么稠密，但是其密度大约是地球大气层的2.5倍。我们已经开始考虑观察泰坦星，去看看能否在那里操纵帆动力漫游车。”

——兰迪斯

土星的卫星泰坦星是太阳系中最大的卫星之一，而且有可能成为未来陆地航行任务的一个目标。

发明者的故事：

其他兴趣爱好

科学家和工程师们并不会把他们的时间全都花在实验室里。他们就和我们一样也有很多的兴趣爱好。兰迪斯最近学起击剑来了。在剑术比赛中击剑运动员们会使用钝兵器和防护器具。

在金星的风里冲冲浪

那么一个金星陆地航行任务可能会是什么样子呢？任务可能同时包括一个轨道飞行器和一台陆地航行漫游车。从地球上发射后，这组飞行器可能需要大约五个月的时间才能进入指定位置，然后这两个装置将会分离。轨道飞行器将进入环绕金星的轨道，而被一种叫作减速伞的防护罩包裹着的漫游车，将会掉进金星的大气层。

“金星上只有部分地区才能让车子畅行无阻，完全没问题。那里是漂亮平整的硬质地面，就像一个巨大的停车场。至少我们会首先瞄准那些看起来行驶车辆非常容易的地方。”

——兰迪斯

由于金星的大气层十分稠密，因此降落伞应该足以让着陆中的飞行器降低高度，安全抵达地面。一旦飞行器安全着陆，陆地航行漫游车就能从包裹它的包装物里钻出来，展开天线。

天线能够实现漫游车与轨道飞行器的沟通，而轨道飞行器则是金星与地球之间通信的中继站。地球上的操控人员根据发回来的第一张照片决定可能进行探索的目标。然后操控人员就能给漫游车传输命令，让它张开它的帆。

一位艺术家关于陆地航行金星漫游车的初步概念。

“我们将要在金星上航行啦！多么酷啊！”

——兰迪斯

兰迪斯设计的漫游车携带的不是布帆，而是一个称作翼面的刚性设备。这个8米高的翼面有点类似于一块垂直竖起的飞机机翼。

即使太阳能电池在金星上提供的能量只够驱动电子器件，这个翼面的表面还将会被太阳能电池所覆盖。漫游车携带的仪器工具包括一台照相机、一个钻头，以及一台叫作X射线光谱仪的设备，这台设备可用来判断岩石的化学成分。

兰迪斯希望这台用耐高温电子器件精心建造和装备起来的漫游车可以在金星表面持续运行大约50天。

“我们还将证明我们能够探索一个全新的地方，尽管那里极其炎热。我们将宣布高温不再是空间探索的障碍。”

——兰迪斯

漫游车获取的图像以及其他数据可能将彻底改变人们对金星的认识。这项任务将帮助我们了解是什么力量塑造了金星表面、使之保持相对年轻状态。它还将带给我们一些关于金星在过去样貌的线索。

为什么要研究金星？因为它和地球是如此相似，却有着截然不同的历史，于是金星就成了人类探索宇宙的一个重要目标。相同的温室效应让金星变暖也让地球变暖。温室效应使全球变暖，在地球平均表面温度的上升中发挥着重要作用。所以研究金星能够帮助我们了解那些塑造地球气候的力量。

“假如金星在早期阶段已经变得糟糕，而且越来越热，那么现在的金星可能是地球的未来。知道事物怎么会变得不同是很有用的。”

——兰迪斯

杰弗里 · 兰迪斯和他的团队

杰弗里 · 兰迪斯（第一排，右数第三位）和“空间系统参数评估协作建模（COMPASS）”团队。

词汇表

探测器 为探索天文目标而发射的机器人航天器。

轨道飞行器 在环绕目标星球的轨道上飞行的航天器。

着陆器 用于在目标星球表面着陆的航天器。

漫游车 可以在目标星球表面行驶的航天器。

二氧化碳 一种无色无味的气体，是金星大气层的主要成分。

陨石坑 碗状的坑，或者凹陷，是由像流星这样的物体撞击形成的。

地面气压 由行星上所覆盖的大气层在行星表面产生的压力。

温室效应 指行星大气层中的气体一方面让来自太阳的能量进入大气层，另一方面又阻止行星的热量散失，从而导致行星变暖的效应。

苏联 （苏维埃社会主义共和国联盟，英语缩写 U.S.S.R）世界上首个、也是最强大的共产主义国家。存在于 1922 年到 1991 年。

太阳能电池 把太阳能转化成电能的电子设备。

电子器件 利用电流来运转的设备，如计算机芯片。

集成电路 蚀刻在半导体材料（如硅）上的微型电路，如计算机芯片。

陆地航行 利用风能驱动陆上交通工具（如小汽车等）。

更多信息

想知道更多关于金星的知识吗?

Simon, Seymour. *Venus.* Starwalk Kids Media, 2012.

想知道更多关于航行的知识吗?

Davidson, Tim and Steve Kibble. *Sailing for Kids*. Fernhurst Books, Inc., 2015.

想知道更多关于大气层的知识吗?

Kjelle, Marylou Morano. *A Project Guide to Wind, Weather, and the Atmosphere*. Earth Science Projects for Kids. Mitchell Lane Publishers, 2010.

像发明家一样思考

陆上游艇并非是唯一能利用空气来运动的东西。鸟、飞机和气球都是靠着空气的帮助运动的。请选择一个物体或者一种动物（或者你自己自告奋勇吧），研究如何让它利用空气动起来。然后运用你学习到的在空气中运动的知识，画出你自己的金星探测器。一定要附上一些标签以说明探测器各个部分的构造以及它是如何工作的。

致谢

下列机构、个人、公司、图书出版单位为本书提供了照片及其他插图，书中出现的每一幅插图所对应的页码均列在提供单位和个人的前面。

封面	WORLD BOOK illustration by Francis Lea (NASA/JPL/NSSDCA; John D. Sirlin/Shutterstock)
4–5	Neal Simpson (licensed under CC BY–ND 2.0)
6–7	© travenian/Getty Images
8–9	NASA
11	Geoffrey Landis
12–13	© Stocktrek Images/Getty Images
14–15	Solar Dynamics Observatory/NASA
16–17	Buzz Aldrin's Space Program Manager (SPM)/Slitherine Ltd/Polar Motion;NASA/NSSDC
18–19	© Sovfoto/UIG/Getty Images; NASA/NSSDCA/Russian Space Agency
21	NASA
22–23	NASA/JPL–Caltech/MSSS
24–25	NASA/Goddard Space Flight Center Conceptual Image Lab
27	© Poylov Vladimir, Shutterstock
29	GEER/NASA Glenn Research Center
31	© Starship Century
32–33	NASA/Mariner 10/Calvin J. Hamilton
35	Library of Congress
37	© Andia/UIG/Getty Images
38	NASA/JPL–Caltech/Space Science Institute
39	© sezer66/Shutterstock
41	NASA
42–43	WORLD BOOK illustration by Francis Lea (NASA/JPL/NSSDCA; John D. Sirlin/Shutterstock)
44	Geoffrey Landis

图书在版编目（CIP）数据

金星漫步者 /（美）杰夫·德·拉·罗莎著；吴艳萍译．—上海：上海辞书出版社，2018. 8（2020. 10 重印）

ISBN 978－7－5326－5158－0

Ⅰ. ①金… Ⅱ. ①杰… ②吴… Ⅲ. ①金星－普及读物 Ⅳ. ① P185. 2－49

中国版本图书馆 CIP 数据核字（2018）第 158092 号

金星漫步者 jīn xīng màn bù zhě

〔美〕杰夫·德·拉·罗莎 著　吴艳萍 译

责任编辑　董　放
封面设计　梁业礼

出版发行　上海世纪出版集团
上海辞书出版社（www. cishu. com. cn）
地　　址　上海市陕西北路 457 号（200040）
印　　刷　上海雅昌艺术印刷有限公司
开　　本　890 × 1240 毫米　1/16
印　　张　3
字　　数　40 000
版　　次　2018 年 8 月第 1 版　2020 年 10 月第 3 次印刷
书　　号　ISBN 978－7－5326－5158－0 / P · 19
定　　价　25. 00 元